湘莲飘香

湘莲菜品集锦

● 肖克资 著

湘潭大学出版社
XIANGTAN UNIVERSITY PRESS

大师风采

中国烹饪协会名厨专业委员会
2022 年度工作会议

肖克资技能大师工作室
Chinese Cuisine

中国饭店协会名厨专业委员会第三届会员代表大会

肖克资技能大师工作室出品
湘潭一桌美味佳肴之“湘莲盛宴”宣传推广活动

UNESCO

大湘菜报
中华美食文化推广走进联合国教科文总部

味道湖南
美食季
DELICACY SEASON

（助推）湘潭餐饮行业和经济建设加快发展步伐

湘潭市第十五届人民代表大会

湘菜烹饪线上课堂
国际推广项目

湘莲宴

鸡汁莲藕翅

湘莲雪蛤盅

油炝青瓜莲

冰糖湘白莲

青笋麻酱新莲

果汁莲子雪梨

拔丝湘白莲

蜜汁红枣莲子

酸菜炒新莲

湘莲八宝粥

清汤莲蓉球

鲜莲水果沙拉

序

一席莲香 匠心独运

陈胜年

湘潭盛产莲子，古时进贡到朝廷，俗称“贡莲”。三粒莲子并排有一寸长，故有“寸三莲”一说。可见湘潭的莲子颗粒均匀、成色饱满，乃上乘之品。

如何把好的莲子做成桌上佳肴，湘潭厨子世代精研，凭巧手和匠心推出了不少经典菜肴。如银耳莲子羹、冰糖湘莲等，历百年而不衰，不知甜润了多少食客。

我在湘潭求学、工作很长时间，记忆中的味道满是湘潭味。最近20年致力于湘菜推广，我策划的中国湘菜美食文化节，其中第七届和第十三届就是在湘潭举办的。我还为湘潭菜说过一句讨巧的话：一部湘菜史，半部湘潭写。这句话已经在湘潭传得很开了，湘潭餐饮人总拿这句话给自己鼓劲，这也成了湘潭菜走出湘潭的底气。长沙颇有名气的“有味湘潭菜”，就在每个门店的显要处打出了这句口号，据说生意很不错。

湘潭做湘莲菜的厨师我独服肖克资大师。他对湘莲菜的研发几近痴迷，至今已经推出超过100道了。2018年，受中宣部、国务院新闻办的委托，我带队前往巴黎的联合国教科文组织总部参加“感知中国”活动，举办了一场中华美食文化品鉴宴，大厨团队是从全国组建的，当中就有肖克资大师。他向世界呈上的就是“冰糖湘莲”。记得当时熬了一大锅，漂浮于上的白色湘莲，夹杂鲜红的枸杞，煞是诱人。现场100多个国家的联合国官员吃得津津有味，连呼：“OK！”后来在湘菜年度盛典等多个重大宴会场所，我都邀请肖克资大师主理这道名菜，特别受欢迎。

2023年7月的一天，我应邀参加湘潭市餐饮行业协会举办的“湘莲盛宴”活动，现场着实震撼，100多道与湘莲有关的菜品摆满了一个硕大的区间，琳琅满目，色形兼备，这是肖克资大师及其研发团队匠心独运的劳动成果。我真的佩服他们的想象力，围绕湘莲竟然能够做出这么多上得了台面的美味佳肴。这绝不是牵强的搭配，更不是一时的拼凑，而是数十年潜心研发之集大成。莲子炖排骨、蜜汁红枣莲子、新莲辣子鸡、红煨莲蓉素鲍……这些菜名创意十足，听着都有食欲。如此宏大的创意，被我收录到了2023湘菜年度十大事件。

肖克资大师涉猎广泛，博闻强记，技艺精湛而全面，他曾在驻外大使馆供职多年，也是早期把湘菜店开到北京的前辈。他特别爱湘潭，几乎逢人就说湘潭菜的好，说湘潭菜是湘菜的根，是湘菜最有底蕴的分支，如同粤菜的潮州菜、顺德菜，要把湘潭菜推向全国推向世界，其心可鉴。

克资大师将多年成果结集成《湘莲飘香》一书，这是湘菜文化的又一硕果。承蒙不弃邀我作序，我欣然接受。以上文字固然平平，却是我的心声。

（作者系大湘菜报总编辑、湖南省预制菜产业协会会长、中国湘菜美食文化节总策划）

前言

湘莲为湖南著名特产，是诸莲中的上品，用三粒圆状的莲子连接起来，其长度有一寸长，故称之“寸三莲”，自汉唐以来就成为贡品，故湘莲又称贡莲。湘莲主要产于湘江流域和洞庭湖一带，湘潭为著名产区，以花石、中路铺一带所产最多，质量也最好。每年六七月间，碧绿的湖面上，朵朵荷花婷婷玉立，竞相开放，荷香扑鼻。

湘莲个大而圆，肉质洁白，质地粉糯，清香宜人，风味独特，而且营养丰富，莲内富含淀粉、蛋白质、钙、磷、铁和维生素B_1等。李时珍的《本草纲目》介绍：“莲之味甘，气温而性涩，禀清芳之气，得稼穑之味，乃脾之果也。土为元气之母，母气既和，津液相成，神乃自生，久视耐老，以其权舆也。昔人治心肾不交，劳伤白浊，有清心莲子饮；补心肾，益精血，有瑞莲丸，皆得此理。”中医认为，莲子味甘涩、性平，入心、肾、脾三经，具有降血压、健脾胃、安神固精、润肺清心的功效。

湘莲属干果类植物性原料，有红莲和白莲之分。红莲经加工除去粗皮，去莲芯后即成白莲。其中“冰糖湘白莲”为著名湘莲菜品，此菜汤清莲白，甜糯清香，而且莲子全浮于汤上，宛如粒粒珍珠荡漾在碧水之中。多年来，通过对湘莲菜肴的不断挖掘、整理、创新，逐渐形成了从用料、烹调方法和风味特点各具特色的湘莲菜肴。从荷叶、荷花、莲子、莲藕中衍生出多种多样的菜肴，口味上从单一的甜品发展到咸鲜、焦香、咸甜、香辣等多种味型，在制法上增加了拔丝、炸、蒸、炒、蜜汁、炝等烹饪技法，品种涉及凉菜、热菜、面点等。既保持了湘菜的特点，又突出了湘莲的独特个性，其丰富的内涵和浓郁的乡土风味增添了湘菜多姿多彩的特性，其中许多湘莲菜肴也成为湘菜中的名馔佳肴。其著名的湘莲菜肴有:拔丝湘莲、鸡茸湘白莲、荷塘三鲜、酥炸荷花、莲仁香酥鸭……

湘莲产业发展基本情况如下：

1. 1995年，湘潭县被认定为“中国湘莲之乡”；

2. 2010年，湘莲获批中国地理标志保护产品；

3. 目前，湘潭县内常年种植湘莲10万亩，县外种植湘莲超过200万亩，年加工湘莲30万吨，全县从事湘莲种植、加工、收购、物流、外出承包经营从业人员3万人。湘潭县花石镇是全国最大规模的莲子集散中心。

目录

目 录

冰糖湘白莲

BING TANG XIANG BAI LIAN

[主 料] 湘白莲150克

[配 料] 冰糖250克、枸杞5克、青豆5克、金橘10克

[制 法] 1.锅内放入冷水，放入湘白莲，煮40分钟左右，煮至莲子粉糯;

2.枸杞泡发，青豆去皮焯水，金橘切碎备用;

3.干净锅内倒入清水600克，下入冰糖烧至融化，放入煮好的莲子、枸杞、青豆、金橘烧开，莲子浮在糖水上时，装入汤碗内即成。

[特 点] 莲子粉糯，清润营养，香甜可口

荷塘三鲜

HE TANG SAN XIAN

[主 料] 鲜莲子300克、菱角250克、莲藕250克

[配 料] 猪油50克、盐5克、味精15克、胡椒粉1克、湿淀粉50克、香油15克

[制 法] 1.鲜莲子去壳、去莲芯，菱角去外壳，莲藕去皮切成小块，均洗净；

2.莲子、菱角、莲藕块下锅焯水备用；

3.将猪油下锅烧沸，下入莲子、菱角、藕块翻炒，放盐、味精炒入味，用湿淀粉勾芡，撒胡椒粉，淋香油，出锅装入盘内即成。

[特 点] 清鲜脆爽，味道鲜美

梅苏莲藕

MEI SU LIAN OU

[主 料] 嫩白藕250克

[配 料] 梅子100克、紫菜叶25克、白糖50克、盐5克、白醋10克

[制 法] 1.藕去皮，切成5厘米长、1厘米粗的条，放入清水洗净，用盐、醋腌软；

2.梅子洗净，用刀拍破；紫苏叶洗净，切成丝；将梅子、紫苏加入白糖拌匀；

3.将藕用清水洗干净捞出，加入白糖、白醋拌匀装盘，梅子和紫苏盖在藕上即成。

[特 点] 酸甜脆嫩，清爽可口

湘莲雪蛤盅

XIANG LIAN XUE HA ZHONG

[主 料] 干莲子50克

[配 料] 雪蛤10克

[调 料] 冰糖50克、枸杞5克、料酒5克

[制 法] 1.将雪蛤放入碗内，加入适量清水、料酒，上笼蒸发取出，放入冷水中洗净，除去腥味备用；

2.莲子冷水下锅煮发，枸杞泡发洗净；

3.锅内放清水150克，下入冰糖烧开融化，取汤盅放入冰糖水、煮发的莲子、雪蛤、枸杞，上笼蒸10分钟即成。

[特 点] 粉糯香甜，营养丰富

拔丝湘白莲

BA SI XIANG BAI LIAN

[主 料] 湘白莲100克

[配 料] 鸡蛋1个、面粉50克、干淀粉30克

[调 料] 植物油100克、白糖200克

[制 法] 1.莲子煮发，用牙签将莲子串起来，三粒莲子一串；

2.鸡蛋打散，加入面粉、淀粉、适量清水调成糊；

3.将植物油烧至六成热，将莲子串粘上鸡蛋糊下锅炸熟，炸至外表焦酥呈金黄色时捞出并去掉牙签；

4.锅内放少许油下入白糖炒至金黄色，用筷子能挑出丝时倒入炸好的莲子，将糖汁粘满莲子上，出锅装盘即成。

[特 点] 色泽金黄，焦脆香甜

苦瓜酿莲

KU GUA NIANG LIAN

[主 料] 湘白莲100克、苦瓜250克

[配 料] 鸡蛋1个

[调 料] 植物油500克、盐5克、味精15克、胡椒粉1克、淀粉25克、香油5克

[制 法] 1.苦瓜切成3厘米的筒，下开水锅煮到五成烂，捞出放入冷水中，去籽，挤干水分；

2.莲子下锅煮发，沥干水分，用刀压成泥，下入锅中炒香，加入鸡蛋、盐、味精、胡椒粉拌成馅备用；

3.将莲蓉馅酿入苦瓜内，下入油锅中炸，再入笼蒸熟装入盘中，汤汁倒入锅中用湿淀粉勾薄芡汁淋在上面即成。

[特 点] 鲜香微苦，味道鲜美

蜜汁红枣莲子

MI ZHI HONG ZAO LIAN ZI

[主 料] 湘白莲100克

[配 料] 红枣50克、蜜枣50克、青豆5克、枸杞5克

[调 料] 冰糖150克、金橘10克

[制 法] 1.莲子下锅煮发；红枣、蜜枣泡发，去核洗净；枸杞泡发；青豆去壳洗净；金橘切碎；

2.锅内放入清水150克，冰糖烧开融化，放入莲子、红枣、蜜枣、枸杞、青豆煮开，收成浓汁，放金橘装盘即成。

[特 点] 香甜清润，营养丰富

酥炸荷花

SU ZHA HE HUA

[主 料] 鲜荷花两朵

[配 料] 鸡蛋1个、面粉50克、淀粉30克

[调 料] 植物油1000克、糖粉50克

[制 法] 1.荷花取里面嫩的花瓣，用剪刀剪成5厘米长、3厘米宽的片；

2.鸡蛋打散加入面粉、淀粉和适量的清水调成糊；

3.将植物油烧至六成热，将荷花瓣裹上蛋糊，逐片下入油锅，炸至焦酥呈金黄色时捞出，装入盘中，撒上糖粉即成。

[特 点] 荷花焦脆，香甜可口

橘仁汤圆湘莲

JU REN TANG YUAN XIANG LIAN

[主 料] 湘白莲100克

[配 料] 糯米粉100克、橘仁100克

[调 料] 冰糖200克、金橘25克

[制 法] 1.莲子下锅煮发；糯米粉加水调匀，搓成1厘米大小的汤圆；

2.小汤圆下入锅中煮熟；金橘切碎备用；

3.锅中放清水500克，再放入冰糖，烧开至溶化，加入莲子、小汤圆煮开，装入汤碗内放橘仁、金橘即成。

[特 点] 柔软滑糯，香甜可口

酸菜炒新莲

SUAN CAI CHAO XIN LIAN

[主 料] 鲜莲子500克

[配 料] 黄酸菜100克、干红椒5克

[调 料] 猪油100克、盐5克、味精15克、香油5克

[制 法] 1.鲜莲子去外壳、去芯；黄酸菜洗净，切碎；干红椒切成细末；

2.莲子下入锅中焯水备用；

3.锅中放入猪油烧至七成热，先下入黄酸菜炒干水分，再加入莲子、盐、味精、干红椒末炒入味，出锅淋香油即成。

[特 点] 鲜香脆嫩，酸辣爽口

五彩新莲

WU CAI XIN LIAN

[主 料] 鲜莲子500克

[配 料] 胡萝卜50克、紫包菜50克、水发香菇50克、芹菜50克

[调 料] 猪油100克、盐5克、味精15克、香油5克、水淀粉50克

[制 法] 1.鲜莲子去壳、去皮、去莲芯，洗净；

2.胡萝卜去皮，芹菜去叶，紫包菜、水发香菇分别洗净切成小颗粒；

3.锅内放猪油烧至七成热，分别下入莲子、胡萝卜、香菇、紫包菜、芹菜丁，加入盐、味精炒熟入味，用水淀粉勾芡，淋香油出锅即成。

[特 点] 色彩美观，鲜香爽脆

酸梅新莲

SUAN MEI XIN LIAN

[主　料] 鲜莲子500克

[配　料] 干梅子25克、青豆25克

[调　料] 白糖50克

[制　法] 1.鲜莲子去壳、去皮、去莲芯，洗净，干梅子洗净用少许清水泡软，青豆去壳洗净；

2.鲜莲子、青豆下锅焯水，过凉待用；

3.将莲子、梅子、青豆加白糖拌匀腌制半小时，食用时装盘即成。

[特　点] 酸甜脆嫩，香鲜爽口

油炝青瓜莲

YOU QIANG QING GUA LIAN

[主 料] 鲜莲子500克

[配 料] 小黄瓜150克、干红椒5克、青花椒10克

[调 料] 香油25克、盐5克、白糖5克、高汤50克

[制 法] 1.鲜莲子去壳、去皮、去莲芯；小黄瓜洗净斜切成厚片；

2.鲜莲子下锅焯水捞出备用；

3.锅内放入香油烧沸，下入干红椒和青花椒炸一下，下入莲子、小黄瓜、高汤和上述调料稍焖一会儿，收干汁后晾凉，装盘即成。

[特 点] 香辣脆嫩，味道鲜美

煎烹藕夹

JIAN PENG OU JIA

[主 料] 嫩莲藕500克、香葱25克、小红辣椒20克

[配 料] 猪肉馅150克

[调 料] 植物油500克、猪油50克、鸡蛋1个、面粉50克、干淀粉30克、盐5克、味精15克、胡椒粉5克、酱油15克、香油5克、高汤50克、湿淀粉50克

[制 法] 1.嫩藕去皮切成厚片20片，洗净用清水泡上；香葱洗净切成葱花，小红辣椒去蒂、去籽，切成米粒状；

2.猪肉馅放盐、味精、胡椒粉拌成馅；鸡蛋打散，加入面粉、干淀粉、少许清水调成蛋糊；将上述调料和葱花、辣椒加入湿淀粉和高汤兑成汁；

3.锅内放植物油烧至六成热；藕片夹入肉馅制成藕夹，沾满蛋糊，放入锅中炸熟，呈金黄色捞出；

4.锅内放猪油烧七成热，下入剩余肉馅炒热，放入炸好的藕夹，倒入兑好的汁，翻炒均匀，装盘即成。

[特 点] 焦脆香酥，味道鲜美

醋泡新莲

CU PAO XIN LIAN

[主 料] 鲜莲子500克

[配 料] 泡辣椒25克、胡萝卜50克

[调 料] 酱油5克、味精15克、香醋25克、生抽50克、香油5克

[制 法] 1. 鲜莲子去壳、去皮、去芯，洗净；下锅焯水备用；

2. 胡萝卜去皮洗净，切成小丁，焯水备用；泡辣椒切成段；

3. 将上列调料兑成汁；食用时，将莲子放入碗中，加入泡辣椒、胡萝卜丁，倒入兑的汁即成。

[特 点] 酸辣鲜香，味道可口

青菜莲子羹

QING CAI LIAN ZI GENG

[主 料] 湘白莲100克

[配 料] 青菜荪（或荠菜荪）

[调 料] 盐15克、味精30克、胡椒粉5克、汤250克、湿淀粉100克

[制 法] 1.莲子下锅煮熟；

2.青菜荪去老叶，削去梗上的白筋；洗净后切碎，下锅炒干水分备用；

3.锅中放入汤，加入煮好的莲子、炒好的青菜，放盐、味精烧开，用湿淀粉勾芡成羹汤状，撒胡椒粉，出锅倒入汤碗内即成。

[特 点] 莲子粉糯，汤鲜味美

湘莲八宝粥

XIANG LIAN BA BAO ZHOU

[主 料] 湘白莲100克、糯米100克

[配 料] 红枣、桂圆、葡萄干、花生米、白果、板栗各10克

[调 料] 白糖100克

[制 法] 1.糯米淘洗干净，加入清水上火煮30分钟；

2.红枣、桂圆、葡萄干、花生米、白果、板栗洗净；

3.莲子下锅煮熟；

4.将上列配料、莲子、白糖放入糯米粥内煮15分钟即成。

[特 点] 品种多样，柔软香甜，营养丰富

鸡汁莲藕翅

JI ZHI LIAN OU CHI

[主 料] 莲藕500克

[配 料] 上海青500克、鸡汤300克

[调 料] 盐5克、味精15克、胡椒粉5克、湿淀粉50克、香油5克

[制 法] 1.莲藕去皮，直切成20厘米长的丝，用清水浸泡一小时；上海青洗净削成菜心；

2.将藕丝焯水备用，锅中放入鸡汤，加入藕丝、盐、味精焖10分钟收汁，撒胡椒粉，用湿淀粉勾芡，淋香油，出锅整齐装入盘中；

3.上海青菜心下锅加盐炒熟，出锅围在藕丝边上即成。

[特 点] 汤鲜味美，藕翅软烂

莲蓉香酥鸭

LIAN RONG XIANG SU YA

[主 料] 湘白莲100克、肥鸭一只（1000克）

[配 料] 鸡蛋2个、面粉50克、淀粉50克

[调 料] 盐10克、味精25克、胡椒粉5克、八角5克、香菜50克、植物油1000克

[制 法] 1.将湘白莲下锅煮发，用刀压碎成莲蓉，加入盐、鸡蛋、味精、少许面粉，拌匀制成莲蓉馅。

2.肥鸭按香酥鸭的工艺制作好，香酥鸭去骨，改切成粗丝，加入鸡蛋、面粉、淀粉拌匀，制成18厘米长、15厘米宽、0.8厘米厚的鸭坯，下锅炸至金黄色；

3.将莲蓉馅均匀抹在香酥鸭坯上，下锅炸至金黄色，捞出；切成均匀条状，摆入盘中即成。

[特 点] 香焦酥脆，莲蓉香软

鲜莲水果沙拉

XIAN LIAN SHUI GUO SHA LA

[主 料] 鲜莲子500克（或干莲子100克）

[配 料] 西瓜250克、哈密瓜250克、猕猴桃250克、火龙果250克

[调 料] 沙拉酱125克

[制 法] 1.鲜莲子去壳、去皮、去莲芯，洗净（干莲子冷水下锅煮发，控干水）；

2.西瓜、哈密瓜、猕猴桃、火龙果分别去皮、洗净，切成莲子大小的颗粒；

3.将莲子和几种切好的水果一起放入碗内，加入沙拉酱拌匀即成。

[特 点] 品种多样，香甜可口

面包糖霜莲

MIAN BAO TANG SHUANG LIAN

[主 料] 湘白莲100克

[配 料] 咸面包100克、白糖50克

[调　料] 植物油500克、猪油25克

[制 法] 1.湘白莲煮发；咸面包切成莲子大小的面包丁；

2.将植物油烧至六成热，下入面包丁烧酥备用；

3.锅内放入猪油、白糖和适量清水烧开收汁，待糖汁翻大泡后，下入莲子、面包丁，待糖汁全部裹在莲子、面包丁上，装盘即成。

[特 点] 焦脆香甜

虾胶酿莲藕

XIA JIAO NIANG LIAN OU

[主 料] 嫩莲藕500克

[配 料] 虾仁100克、肥肉50克、菜心250克、生姜15克、香葱50克

[调 料] 高汤200克、盐5克、味精15克、胡椒粉5克、湿淀粉50克、香油5克

[制 法] 1.莲藕去皮洗净，切成薄圆片，用清水泡上；香葱、生姜洗净、拍破，加入料酒制成葱姜汁；菜心洗净，下锅加盐炒入味，装入盘中；

2.虾仁、肥肉洗净，放在一起剁成虾茸，加入葱姜汁、盐、味精制成虾胶馅；藕片沥干水，包入虾胶馅，制成莲藕卷，上笼蒸熟后整齐摆在盘中；

3.锅中放入高汤、盐、味精调好味，烧开后用湿淀粉勾芡，放香油出锅，淋在藕卷上即成。

[特 点] 虾软藕脆，味道鲜美

莲蓉菊花蛋

LIAN RONG JU HUA DAN

[主　料] 湘白莲100克

[配　料] 鸡蛋6个、小黄瓜200克

[调　料] 猪油50克、盐5克、味精15克、胡椒粉5克、香油5克、面粉10克、高汤100克、湿淀粉50克

[制　法] 1.将湘莲下锅煮发，用力压碎成莲蓉；锅烧热放猪油，放入莲蓉炒香，加入鸡蛋、盐、味精、面粉拌匀，制成莲蓉馅；小黄瓜洗净切成厚片；

2.鸡蛋煮熟去壳，切开成两半，去掉蛋黄，酿入莲蓉馅，分别放在小黄瓜片上，上笼蒸10分钟，取出整齐摆在盘中；

3.锅内放高汤、盐、味精烧开，用湿淀粉勾芡，撒胡椒粉；放香油；均匀淋在菊花蛋上即成。

[特　点] 清香柔软，味道鲜美

双艳香菇酿莲

SHUANG YAN XIANG GU NIANG LIAN

[主 料] 湘白莲100克

[配 料] 水发香菇100克、鸡蛋1个、胡萝卜25克、青豆25克

[调 料] 猪油50克、盐5克、味精15克、胡椒粉5克、香油5克、湿淀粉50克、面粉10克、高汤100克

[制 法] 1.将湘白莲下锅煮发，用刀压碎成莲蓉，放猪油下锅炒香，加入鸡蛋、盐、味精、面粉搅拌均匀，制成莲蓉馅；

2.水发香菇去蒂洗净；胡萝卜去皮洗净，切成末状；青豆去皮，切碎成米状；

3.将制好的莲蓉馅酿入香菇内，上面分别放胡萝卜末、青豆末，上笼蒸10分钟备用；

4.将蒸好的莲蓉香菇整齐摆入盘内；高汤中放入盐、味精调好味，撒胡椒粉，用湿淀粉勾薄芡放香油，出锅淋在莲蓉香菇上即成。

[特 点] 鲜香软糯，味道鲜美

金沙炒新莲

JIN SHA CHAO XIN LIAN

[主 料] 鲜莲子500克

[配 料] 咸蛋黄2个

[调 料] 猪油50克、味精10克、盐2克

[制 法] 1.鲜莲子去壳、去皮、去莲芯；

2.鲜莲子焯水备用；

3.锅烧热放入猪油烧至六成热，下入咸蛋黄炒散，加入莲子、盐、味精与咸蛋黄一起炒均匀即成。

[特 点] 莲子脆嫩，鲜香味美

荷花果汁莲蓉

HE HUA GUO ZHI LIAN RONG

[主 料] 湘白莲150克

[配 料] 鲜荷花1朵

[调 料] 果酱50克、白糖100克、猪油50克

[制 法] 1.莲子下锅煮烂后沥干水分，用刀压成泥；

2.荷花选用嫩的花瓣；

3.食用时将猪油烧到六成热，下入适量清水、白糖，炒溶化后再下入莲子泥炒香，出锅分别放入荷花瓣中，上面淋果酱，整齐摆入盘中即成。

[特 点] 色彩美观，柔软香甜

太极青豆莲蓉

TAI JI QING DOU LIAN RONG

[主 料] 湘白莲100克

[配 料] 青豆500克

[调 料] 猪油100克、白糖150克、湿淀粉50克

[制 法] 1.莲子下锅煮烂后沥干水分，用刀压成泥；

2.青豆去壳、去皮，下入开水锅煮熟，晾凉后用刀压成泥；

3.食用时将猪油烧至六成热，加入白糖、适量清水炒溶化，再下入莲子泥炒香，装到盘子的一边；另用锅将猪油烧至六成热，下入青豆泥炒香，用湿淀粉勾芡，出锅装在莲子泥的另一边呈太极图形即成。

[特 点] 色彩美观，柔软香甜

芙蓉莲蓉排

FU RONG LIAN RONG PAI

[主 料] 湘白莲150克

[配 料] 咸面包100克

[调 料] 猪油50克、鸡蛋2个、盐5克、味精15克、胡椒粉5克、面粉20克、植物油500克、香菜叶少许、胡萝卜50克

[制 法] 1.湘白莲下锅煮烂后沥干水分，用刀压成泥；

2.猪油下锅烧至六成热，下入莲子泥、盐、味精，炒香出锅，加入鸡蛋清、胡椒粉拌匀，制成莲蓉馅；

3.面包切成6厘米长、3.5厘米宽、0.5厘米厚的片，胡萝卜去皮切成小片状，香菜叶洗净，将莲蓉馅均匀抹在面包上，贴上胡萝卜片、香菜叶；

4.植物油烧至六成热，下入芙蓉莲蓉排炸至焦脆，出锅装盘即成。

[特 点] 色彩鲜艳，焦脆香酥

粉蒸藕

FEN ZHENG OU

[主 料] 莲藕500克

[配 料] 五香米粉100克、生姜5克、香葱15克

[调 料] 猪油25克、盐5克、味精15克、白糖10克

[制 法] 1.莲藕去皮洗净，切成0.5厘米厚的片；生姜去皮后洗净，切成姜末；藕片加入猪油、盐、味精、白糖、生姜末腌制片刻；香葱去根洗净，切成葱花；

2.将腌制好的藕片放入五香米粉拌匀；

3.将拌好的藕片上蒸笼，用旺火蒸熟，出锅淋香油撒葱花即成。

[特 点] 鲜香软烂，味道可口

木瓜炖莲子

MU GUA DUN LIAN ZI

[主　料] 湘白莲100克

[配　料] 木瓜一只（300克）

[调　料] 鲜牛奶150克、白糖100克、金橘5克

[制　法] 1.莲子下锅煮发；木瓜切开，去掉瓜瓤洗净；金橘切碎；

2.将鲜牛奶放入木瓜内，加入白糖、金橘、莲子上笼，旺火蒸20分钟即成。

[特　点] 香甜粉糯，营养丰富

银耳莲子西瓜盅

YIN ER LIAN ZI XI GUA ZHONG

[主 料] 湘白莲100克

[配 料] 银耳25克、西瓜1个、枸杞5克、青豆10克

[调 料] 冰糖200克、金橘10克

[制 法] 1.将莲子下锅煮发；银耳用冷水泡发，切成小块；西瓜去掉瓜瓤雕刻成西瓜盅；枸杞泡发、青豆去壳、去皮，洗净；金橘切碎；

2.将枸杞、青豆下锅焯水备用；

3.锅中放入清水500克，加入白糖、银耳，上火煮15分钟后离火倒入盆中自然冷却，加枸杞、青豆、金橘，然后放入西瓜盅内，放冰箱冷藏30分钟取出食用即成。

[特 点] 香甜粉糯，清凉爽口

糖醋菊花藕

TANG CU JU HUA OU

[主 料] 嫩藕尖300克

[调 料] 白糖100克、白醋15克、盐10克、香油5克

[制 法] 1.将嫩藕尖去皮，斜切成3厘米长的片，洗净加盐腌制片刻；

2.将腌制后的藕尖片洗净，加入白糖、白醋、香油拌匀，食用时整齐摆入盘内呈菊花状即成。

[特 点] 酸甜脆嫩，清香可口

新莲炒虾仁

XIN LIAN CHAO XIA REN

[主 料] 鲜莲子100克、虾仁200克

[配 料] 生姜15克

[调 料] 猪油150克、盐5克、味精15克、料酒25克、香油5克、湿淀粉100克

[制 法] 1.鲜莲子去壳、去皮、去莲芯，洗净；虾仁洗净，生姜去皮切成小片；

2.虾仁放料酒、盐、湿淀粉拌匀；

3.锅烧热，放入猪油烧至六成热，将虾仁下锅炒熟捞出；

4.另起锅，放猪油烧至七成热，下莲子、盐炒入味，再放炒熟的虾仁、味精一起炒制，用湿淀粉勾芡，淋香油出锅即成。

[特 点] 清香软滑，味道鲜美

蟹肉烩湘莲

XIE ROU HUI XIANG LIAN

[主 料] 湘白莲100克

[配 料] 大肉蟹500克、生姜15克、胡萝卜25克、青豆50克

[调 料] 盐10克、味精15克、胡椒粉5克、香油5克、高汤300克、湿淀粉100克

[制 法] 1.湘白莲下锅煮发；大肉蟹洗净，放入锅中蒸熟，冷却后取出蟹肉；生姜去皮洗净，切成姜丝；胡萝卜洗净，去皮切成小颗粒状；青豆去皮洗净；

2.锅内放高汤、莲子、蟹肉、姜末、盐、味精、青豆、胡萝卜，上大火烧开，焖入味，放胡椒粉，用湿淀粉勾芡，淋香油出锅即成。

[特 点] 清香软糯，味道鲜美

新莲溜鱼丁

XIN LIAN LIU YU DING

[主 料] 鲜莲子500克、净鱼肉300克

[配 料] 青椒50克、生姜15克

[调 料] 猪油100克、盐5克、味精15克、料酒25克、香油5克、湿淀粉100克

[制 法] 1.鲜莲子去壳、去皮、去莲芯，洗净；鱼肉洗净去皮、去刺，切成1厘米大小的丁；生姜去皮，洗净切成小片；

2.鱼丁加入料酒、盐、适量湿淀粉腌制片刻；锅内放油烧至六成热，下入鱼丁炒熟，出锅备用；

3.另起锅，放猪油烧至七成热，下入莲子、姜片、青椒、盐炒入味，再放入鱼丁一起合炒，用湿淀粉勾芡，淋香油出锅即成。

[特 点] 清香软嫩，味道鲜美

酸莲子炒肉沫

SUAN LIAN ZI CHAO ROU MO

[主 料] 鲜莲子500克

[配 料] 肉沫50克、干辣椒末5克、香葱15克

[调 料] 猪油50克、白醋50克、盐5克、味精15克、香油5克

[制 法] 1.鲜莲子去壳、去皮、去莲芯，放入盆内，加入开水、白醋浸泡3天，制成酸莲子；

2.将浸泡好的莲子剁碎；香葱洗净，切成葱花；

3.锅内放猪油烧至七成热，下入肉沫炒熟，再放入莲子、干辣椒末、盐、味精一起炒入味，淋香油、放葱花出锅即成。

[特 点] 酸辣鲜香，味道鲜美

荷塘脆柳

HE TANG CUI LIU

[主 料] 嫩莲藕500克

[配 料] 莴笋头500克

[调 料] 盐10克、味精15克、生抽50克、香油5克

[制 法] 1.嫩莲藕去皮洗净，切成细丝，用清水浸泡；

2.莴笋头去皮洗净，切成细丝，用清水浸泡；

3.盐、味精、生抽、香油调成汁；

4.将藕丝、莴笋丝沥干水分，食用时，整齐摆入盘中，带调味汁一起上桌即成。

[特 点] 清香脆嫩，味道爽口

西芹炒新莲

XI QIN CHAO XIN LIAN

[主 料] 鲜莲子500克、西芹200克

[配 料] 胡萝卜25克

[调 料] 猪油50克、盐5克、味精15克、香油5克、湿淀粉50克

[制 法] 1.鲜莲子去壳、去皮、去莲芯，洗净；西芹去叶、去根，洗净，切成1厘米长的段；胡萝卜去皮洗净，切成小片；

2.锅内放猪油烧至七成热，下入鲜莲子、西芹、胡萝卜、盐、味精一起合炒入味，淋少许清水，用湿淀粉勾芡，淋香油出锅即成。

[特 点] 清香脆爽，味道可口

新莲辣子鸡

XIN LIAN LA ZI JI

[主 料] 鲜莲子500克、鸡腿肉250克

[配 料] 干辣椒5克、生姜25克

[调 料] 猪油100克、料酒25克、酱油15克、盐5克、味精15克、香油5克、湿淀粉100克

[制 法] 1.鲜莲子去壳、去皮、去莲芯，洗净；鸡腿肉去骨切成1厘米大小的丁；生姜去皮切成小片；干辣椒切成1厘米长的段；

2.鸡丁加入料酒、酱油、少许湿淀粉、盐，腌制片刻，下入锅中炒熟备用。

3.锅中放猪油烧至七成热，下入鲜莲子、姜片，加入盐炒入味，然后放入鸡丁、干辣椒段、味精一起炒制，用湿淀粉勾芡，淋香油出锅即成。

[特 点] 香辣可口，清鲜脆嫩

鸡茸湘白莲

JI RONG XIANG BAI LIAN

[主 料] 湘白莲100克

[配 料] 鸡胸肉150克、猪肥膘50克、鸡蛋200克、菜芯500克、熟火腿20克

[调 料] 猪油150克、高汤400克、盐10克、味精20克、胡椒粉3克、湿淀粉50克

[制 法] 1.湘白莲下锅煮发，鸡胸肉与猪肥膘放在一起锤成细茸；菜芯去掉老叶下锅焯水备用；熟火腿切成碎末；

2.取一汤碗，放锤好鸡胸肉茸，分别加入鸡蛋清、高汤、盐、味精、胡椒粉、湿淀粉兑成汁；

3.菜芯下锅，加入猪油、盐炒入味，放在盘子的周围；另猪油烧至七成熟，下入兑好的鸡茸汁炒熟，放入莲子炒匀，出锅，摆入盘子中间，撒火腿末即成。

[特 点] 松软粉糯，味道鲜美

娃娃菜煮莲子

WA WA CAI ZHU LIAN ZI

[主 料] 湘白莲100克

[配 料] 娃娃菜500克

[调 料] 盐10克、味精15克、胡椒粉3克、高汤250克

[制 法] 1.湘白莲下锅煮发；娃娃菜去掉老叶，洗净，切成15厘米长的粗丝；

2.娃娃菜下锅焯水，捞出，沥干水备用；

3.锅中放高汤、娃娃菜、莲子、盐、味精烧开，焖入味，撒胡椒粉，出锅装入汤碗内即成。

[特 点] 粉糯软烂，汤鲜味美

清汤莲蓉球

QING TANG LIAN RONG QIU

[主 料] 湘白莲100克

[配 料] 白菜250克、鸡蛋200克

[调 料] 猪油1000克、高汤300克、盐15克、味精20克、胡椒粉5克、干淀粉25克

[制 法] 1.将湘白莲下锅煮发；白菜去掉老叶留菜芯，干锅焯水备用；

2.鸡蛋去黄留清，用筷子快速朝一个方向搅打成蛋花状，加入干淀粉制成雪花糊；

3.锅内放猪油烧至六成热，莲子分别沾满雪花糊下锅炸成莲蓉球，呈淡黄色捞出，沥干油，然后用汤碗装上，上笼蒸20分钟；

4.锅内放高汤、菜芯、盐、味精烧开，调好味倒入盛莲蓉球的汤碗内，撒胡椒粉即成。

[特 点] 柔软粉糯，汤鲜味美

心太软

XIN TAI RUAN

[主 料] 湘白莲100克

[配 料] 干红枣150克

[调 料] 猪油500克、白糖100克

[制 法] 1.莲子下锅煮发，沥干水分，用刀压成泥，下入锅内，加猪油、白糖炒香备用；

2.干红枣用冷水泡发，去掉红枣核，然后将莲蓉灌入红枣内；

3.锅内油烧至七成热，下入红枣炸一下捞出；

4.锅内放清水250克、白糖、红枣烧开，收成浓汁，用湿淀粉勾芡，出锅整齐摆入盘内即成。

[特 点] 柔软滑糯，香甜可口

湘莲果饭

XIANG LIAN GUO FAN

[主 料] 湘白莲100克

[配 料] 糯米150克、红枣100克、湿淀粉50克

[调 料] 白糖50克、金橘25克、猪油50克

[制 法] 1.湘白莲下锅煮发，一半用刀压碎成莲蓉，下锅加入白糖炒香备用；红枣泡发，去掉枣核，洗净切开，金橘切碎；

2.糯米淘洗净，泡发，上笼蒸熟，加入猪油、白糖、金橘拌匀；

3.将莲子、红枣整齐摆入扣碗内，均匀放入拌好的糯米，中间放莲蓉，上笼蒸20分钟，取出，反扣过来装入盘中。

4.锅内放清水100克、白糖烧开，用湿淀粉勾芡淋在果饭上即成。

[特 点] 香甜软糯，营养丰富

五彩莲蓉球

WU CAI LIAN RONG QIU

[主 料] 湘白莲150克

[配 料] 胡萝卜50克、青豆50克、水发香菇50克、洋葱50克、鸡蛋1个

[调 料] 猪油1000克、盐5克、味精15克、胡椒粉3克、面粉25克

[制 法] 1.将湘白莲下锅煮发，用刀压碎成莲蓉，下锅放猪油炒香备用；

2.胡萝卜去皮，水发香菇去蒂，洋葱去皮洗净，将以上食材切成小颗粒状，青豆去皮洗净，一起下锅焯水，捞出沥干水分；

3.将胡萝卜、香菇、青豆、洋葱放入莲蓉内，加盐、味精、胡椒粉、鸡蛋、面粉搅拌均匀，搓成3.5厘米大小的球；

4.将油烧到七成热，下入莲蓉球炸焦呈金黄色，捞出，沥干油装盘即成。

[特 点] 外焦内软，鲜香味美

香肠花焖莲子

XIANG CHANG HUA MEN LIAN ZI

[主 料] 湘白莲100克

[配 料] 小香肠100克、黄瓜100克

[调 料] 猪油500克、盐5克、味精15克、胡椒粉3克、高汤250克、湿淀粉50克、香油5克

[制 法] 1.湘白莲下锅煮发；小香肠蒸熟切成1.5厘米长的段，切十字花刀；黄瓜切成小薄片；

2.香肠下油锅炸成香肠花，捞出备用；

3.锅内放少许猪油，下入黄瓜片加盐炒入味，放入高汤、莲子、香肠花、盐、味精焖5分钟；收干汁，放胡椒粉，用湿淀粉勾芡，淋香油，出锅整齐摆入盘内即成。

[特 点] 香鲜软糯，味道可口

五彩发丝莲藕

WU CAI FA SI LIAN OU

[主 料] 嫩莲藕500克

[配 料] 青椒50克、黄辣椒50克、水发香菇50克、胡萝卜100克

[调 料] 猪油50克、盐5克、味精15克、香油5克

[制 法] 1.嫩莲藕去皮洗净，直切成8厘米长的细丝，用清水浸泡；

2.青辣椒、黄辣椒去籽去蒂，洗净切成8厘米长的细丝；胡萝卜去皮洗净，切成8厘米长的细丝；水发香菇去蒂，切成细丝；

3.锅内放清水烧沸，放藕丝、青辣椒丝、黄辣椒丝、胡萝卜丝、香菇丝焯水后备用；

4.锅内放猪油烧至七成热，放各种丝、盐、味精下锅炒入味，淋香油出锅即成。

[特 点] 色彩鲜艳，香鲜脆爽

蜜汁湘莲桃脯

MI ZHI XIANG LIAN TAO FU

[主 料] 湘白莲100克

[配 料] 大蜜桃500克、枸杞5克

[调 料] 桂花糖25克、白糖100克、湿淀粉50克

[制 法] 1.湘白莲下锅煮发；大蜜桃去皮，每个切开成四瓣，除去桃核，下锅焯水备用；枸杞用冷水泡发；

2.莲子、蜜桃、枸杞加白糖上笼蒸15分钟；

3.锅内放清水250克，将莲子、蜜桃、枸杞烧开，放桂花糖，收成浓汁，用湿淀粉勾芡，出锅整齐摆入盘内即成。

[特 点] 柔软粉糯，香甜可口

桂花糯米藕

GUI HUA NUO MI OU

[主 料] 莲藕500克

[配 料] 糯米100克、桂花糖20克

[调 料] 冰糖20克

[制 法] 1.莲藕去皮，切去一端藕节，使藕孔露出来，洗净，沥干水分；

2.糯米淘洗干净，晾干水分，从藕的切开处把糯米灌入，然后在切开处将切下的藕节合上；放锅内加水煮开，然后用小火煮到软烂后出锅晾凉；

3.将藕切成厚片，整齐摆入盘中；锅中放清水、白糖烧开，加入桂花糖，收浓汁勾芡，淋在藕片上即成。

[特 点] 香甜、柔软、可口

蟹黄莲子卷

XIE HUANG LIAN ZI JUAN

[主 料] 湘白莲100克

[配 料] 蟹黄100克、水发香菇50克、包菜500克、胡萝卜100克、生姜15克、香葱15克

[调 料] 高汤250克、盐5克、味精15克、胡椒粉3克、猪油50克、湿淀粉50克

[制 法] 1.湘白莲下锅煮发；水发香菇去蒂洗净，切成丁；胡萝卜去皮洗净，切成丁；生姜去皮洗净，切成姜末；香葱洗净，切成葱花；

2.锅中放猪油烧热，放姜末、蟹黄炒熟，再放入莲子、水发香菇丁、胡萝卜、盐、味精炒入味，出锅晾干后加入胡椒粉、葱花拌成馅；

3.包菜去梗洗净，下锅焯水，切成12厘米大小的块，将蟹黄莲子馅包成8厘米长、3厘米宽的卷；

4.锅内放高汤，放入莲子卷、盐、味精烧开入味，收汁，用湿淀粉勾芡，出锅均匀摆入盘中即成。

[特 点] 香鲜软烂，味道可口

青菜汁莲丸

QING CAI ZHI LIAN WAN

[主 料] 湘白莲100克

[配 料] 青菜500克、鸡蛋1个

[调 料] 高汤250克、盐15克、味精20克、胡椒粉5克、面粉25克

[制 法] 1.将湘白莲下锅煮发，用刀压碎成莲蓉，加入盐、味精、鸡蛋、面粉拌成莲蓉馅；

2.青菜去掉老的部分，切碎绞成青菜汁；莲蓉馅制成2厘米大小的莲丸；

3.锅内放高汤，下入青菜汁、莲丸、盐、味精烧开，调好味，撒胡椒粉出锅，倒入汤碗内即成。

[特 点] 清香软糯，汤鲜味美

面包虾茸莲珠

MIAN BAO XIA RONG LIAN ZHU

[主 料] 湘白莲100克

[配 料] 虾仁100克、咸面包200克、香葱15克、生姜15克、料酒10克、红辣椒50克

[调 料] 植物油1000克、盐5克、味精15克、胡椒粉3克

[制 法] 1.将湘白莲下锅煮发；香葱、生姜、料酒浸泡取葱姜汁，虾仁洗净制成虾茸，加入葱姜汁、盐、味精、胡椒粉搅拌成虾茸馅；

2.咸面包切成直径5厘米大小、0.5厘米厚的圆片，红辣椒去籽洗净切成小菱形片；

3.将虾茸馅抹在面包片上，均匀放4粒莲子、红辣椒片备用；

4.锅内放入植物油，烧至六成热，下入面包虾仁莲珠，炸至面包焦酥呈金黄色，出锅沥干油装盘即成。

[特 点] 香酥软糯，味道鲜美

青笋麻酱新莲

QING SUN MA JIANG XIN LIAN

[主 料] 鲜莲子250克

[配 料] 莴笋头500克

[调 料] 芝麻酱100克、盐5克、味精15克、香油5克

[制 法] 1.鲜莲子去壳、去皮、去莲芯，洗净；莴笋头去皮洗净，切成1厘米大小的丁加盐腌制片刻；

2.莴笋头丁沥干水分，加入鲜莲、麻酱、盐、味精、香油拌匀；

3.食用时，将拌好的鲜莲子、莴笋丁整齐摆入盘中即成。

[特 点] 清香脆嫩、味道鲜美

年糕烩湘莲

NIAN GAO HUI XIANG LIAN

[主 料] 湘白莲100克

[配 料] 年糕200克

[调 料] 高汤250克、盐5克、西兰花50克、味精15克、猪油50克、香油5克、湿淀粉50克

[制 法] 1.将湘白莲下锅煮发；年糕切成1厘米的片；西兰花去蒂洗净，切成小块，下锅焯水备用；

2.猪油下锅烧热，下入年糕片煎香，放入高汤、莲子、西兰花、盐、味精烧开，焖入味，用湿淀粉勾芡，淋香油，出锅整齐摆入盘中即成。

[特 点] 柔软粉糯，味道可口

冰镇荷三鲜

BING ZHEN HE SAN XIAN

[主 料] 鲜莲子500克

[配 料] 菱角500克、莲藕500克

[调　料] 盐50克、香醋50克、香油5克

[制 法] 1.鲜莲子、菱角洗净，用盐水浸泡30分钟；莲藕去皮洗净，切成0.5厘米厚的片；

2.盐、香醋、香油、凉开水兑成汁；

3.将鲜莲子、菱角沥干水分，与藕片一起整齐摆入盘中，覆上保鲜膜放入冰箱冷藏30分钟；

4.食用时，去掉保鲜膜，配调味汁一起上桌即成。

[特 点] 香甜脆爽，冰鲜可口

果汁莲子雪梨

GUO ZHI LIAN ZI XUE LI

[主 料] 湘白莲100克

[配 料] 雪梨500克、青豆50克

[调 料] 果酱100克、白糖100克、湿淀粉50克

[制 法] 1.湘白莲下锅煮发；雪梨去皮、去芯，洗净，切成块状；青豆去皮洗净；

2.将雪梨块加入白糖上笼蒸熟备用；

3.锅中放清水，下入白糖、果酱、莲子、青豆、雪梨烧开，收浓汁，用湿淀粉勾芡，整齐摆入盘中即成。

[特 点] 柔软、香甜、可口

青豆腐乳新莲

QING DOU FU RU XIN LIAN

[主 料] 鲜莲子500克

[配 料] 青豆500克

[调 料] 腐乳25克、盐5克、味精15克、香油5克

[制 法] 1.鲜莲子去壳、去皮、去莲芯，洗净；青豆去皮洗净，与鲜莲一起下锅焯水；

2.鲜莲子、青豆沥干水份，加入腐乳、盐、味精、香油拌匀，整齐摆入盘中即成。

[特 点] 清香脆爽、味道可口

酥香莲方

SU XIANG LIAN FANG

[主　料] 湘白莲100克

[配　料] 豆皮100克、金钩10克、肥肉50克、生姜15克、香葱15克、鸡蛋2个、面粉50克、淀粉25克

[调　料] 植物油1000克、盐5克、味精15克、香粉1克

[制　法] 1.鸡蛋加面粉、淀粉和适量清水调制成糊；生姜、香葱洗净切成末；豆皮用冷水泡发；

2.湘白莲下锅煮发，用刀压碎成莲蓉；肥肉煮熟，切成细末粒；金钩泡发，与火腿一样切成末；

3.将切好的肥肉、火腿、莲蓉、金钩、盐、味精、香粉、姜、葱和鸡蛋糊的一半搅拌成馅，铺在豆皮上，再沾上鸡蛋糊，下入七成油锅，炸至呈金黄色，捞出，放木板上用重物压平，再下锅炸至焦脆捞出，切成长方块，整齐摆盘中即成。

[特　点] 色泽金黄，焦脆香酥

湘莲煮百粒丸

XIANG LIAN ZHU BAI LI WAN

[主 料] 湘白莲100克

[配 料] 米豆腐百粒丸200克、香葱15克、干辣椒末5克、酸菜叶25克

[调 料] 盐10克、味精15克、胡椒粉5克、高汤200克、湿淀粉50克、香油5克

[制 法] 1.将湘白莲下锅煮发；米豆腐下锅焯水，沥干水；

2.酸菜叶洗净，切碎；香葱洗净，切成葱花；

3.将高汤倒入锅中，放莲子、百粒丸、酸菜叶、干辣椒末、盐、味精烧开入味，用湿淀粉勾芡，撒胡椒粉、放葱花、淋香油出锅即成。

[特 点] 酸辣鲜香，软烂粉糯

大红椒酿莲

DA HONG JIAO NIANG LIAN

[主 料] 湘白莲100克

[配 料] 大红辣椒200克

[调 料] 猪油50克、盐5克、味精15克、鸡蛋1个、面粉15克、香油5克、高汤100克、湿淀粉50克

[制 法] 1.将湘白莲下锅煮发，用刀压碎成莲蓉，下锅放猪油、盐、味精炒香，加入鸡蛋、面粉拌匀成莲蓉馅；

2.大红辣椒切开、洗净，酿入莲蓉馅；

3.放油烧至六成热，下入红椒莲蓉煎2分钟，加入高汤、盐、味精焖2分钟，撒胡椒粉，用湿淀粉勾芡，淋香油出锅即成。

[特 点] 香辣柔软，味道鲜美

金汤莲蓉素鲍

JIN TANG LIAN RONG SU BAO

[主　料] 湘白莲150克

[配　料] 西兰花250克、白萝卜250克、鸡蛋2个

[调　料] 猪油50克、金汤汁500克、盐5克、味精15克、面粉25克、香油5克、湿淀粉50克

[制　法] 1.将湘白莲下锅煮发，用刀压碎成莲蓉，下锅加入猪油、盐、味精炒香，再加入鸡蛋、面粉搅拌均匀，制成馅，冷却后再雕刻成鲍鱼状；

2.西兰花切成小块，洗净，焯水；白萝卜去皮，洗净，切成鲍鱼大小的萝卜饼，焯水备用；

3.将金汤汁倒入锅内放入素鲍鱼、西兰花、萝卜饼、盐、味精烧开，焖入味，收浓汁，用湿淀粉勾芡，淋香油，出锅整齐摆入盘内即成。

[特　点] 浓香软糯，味道鲜美

茄汁莲子炖牛腩

QIE ZHI LIAN ZI DUN NIU NAN

[主 料] 湘白莲100克

[配 料] 牛腩250克、香葱15克

[调 料] 番茄酱50克、盐50克、味精15克、胡椒粉5克

[制 法] 1.湘白莲下锅煮发；牛腩焯水洗净，下锅加入适量清水炖至软烂；

2.香葱洗净，切成葱段；

3.锅内放入炖好的牛腩，加入莲子、番茄酱、盐、味精煮开，调好味，撒胡椒粉，出锅倒入汤碗内即成。

[特 点] 软烂粉糯，汤鲜味美

如意莲蓉卷

RU YI LIAN RONG JUAN

[主 料] 湘白莲150克

[配 料] 菜心250克、鸡蛋2个、胡萝卜50克

[调 料] 猪油50克、盐5克、味精15克、面粉25克、胡椒粉5克、湿淀粉50克、酱油5克、高汤200克

[制 法] 1.湘白莲煮发，用刀压碎成莲蓉，加入鸡蛋、盐、味精、胡椒粉、面粉、搅拌均匀成莲蓉馅；菜心洗净，胡萝卜去皮切成丁，分别下锅焯水备用；

2.鸡蛋制成蛋皮，将莲蓉馅铺在蛋皮上，制成莲蓉卷，上笼蒸熟后晾凉，切成厚片，扣入碗内，放酱油、味精、高汤，上笼蒸入味，出锅反扣入盘中；

3.锅内放油烧热，下入菜心、莲子、胡萝卜、盐、味精炒入味，勾芡，淋在莲蓉卷上即成。

[特 点] 软糯鲜香，味道可口

蓝莓湘莲盅

LAN MEI XIANG LIAN ZHONG

[主 料] 湘白莲100克

[配 料] 蓝莓50克、青豆250克

[调 料] 冰糖150克

[制 法] 1.湘白莲下锅煮发；蓝莓用冷水泡发；青豆洗净；

2.锅内放入适量清水、冰糖烧开溶化，加入莲子、蓝莓、青豆煮开，出锅装入汤盅内即成。

[特 点] 香甜、粉糯

莲子鸡豆花

LIAN ZI JI DOU HUA

[主 料] 湘白莲50克

[配 料] 鸡胸肉75克、肥肉25克、鸡蛋2个、菜心25克

[调 料] 盐5克、味精15克、胡椒粉3克、高汤250克、湿淀粉50克

[制 法] 1.湘白莲下锅煮发；菜心洗净，下锅焯水；

2.鸡胸肉、肥肉洗净，剁成鸡茸，放入鸡蛋清、盐和少许高汤、湿淀粉搅拌均匀，制成鸡茸料；

3.锅中放高汤烧开，放盐、味精调好味，莲子放入鸡茸料中拌匀，下入锅中氽熟，放菜心，撒胡椒粉出锅装入汤盅内即成。

[特 点] 软嫩粉糯，汤鲜味美

浓汤芙蓉莲

NONG TANG FU RONG LIAN

[主 料] 湘白莲100克

[配 料] 菜心150克、鸡蛋1个

[调 料] 金汤250克、盐5克、味精15克、胡椒粉5克、面粉25克

[制 法] 1.将湘白莲下锅煮发，用刀压碎成莲蓉，加入鸡蛋、盐、味精、面粉调制成莲茸馅；

2.菜心洗净，下锅焯水备用；莲蓉馅用模具制作成芙蓉花状，上笼蒸熟，取出；

3.锅中放入金汤、盐、味精、菜心、莲蓉芙蓉花烧开，撒胡椒粉，装入汤碗内即成。

[特 点] 清香软糯、汤鲜味美

面包莲蓉球

MIAN BAO LIAN RONG QIU

[主 料] 湘白莲100克

[配 料] 莲藕200克、鸡蛋2个、面包糠100克

[调 料] 植物油1000克、盐5克、味精15克、胡椒粉3克、面粉25克

[制 法] 1.湘白莲煮发，用刀压碎成莲蓉；莲藕去皮，切成米粒状；莲蓉中加入藕、盐、味精、胡椒粉、鸡蛋搅拌均匀成馅；

2.将莲蓉馅搓成3cm大小的球，均匀沾上面包糠备用；

3.油烧至七成热，下入莲蓉球炸至外焦酥，出锅，沥干油，均匀摆在盘中即成。

[特 点] 焦酥软糯，味道可口

麻仁灯影藕片

MA REN DENG YING OU PIAN

[主 料] 嫩莲藕500克

[配 料] 白芝麻仁

[调　料] 植物油500克、糖100克

[制 法] 1.莲藕去皮、洗净，切成薄圆片，用清水浸泡；白芝麻仁洗净，沥干水分；

2.锅内放油烧至七成热；藕片沥干水后，下入油锅中炸至金黄色捞出；

3.锅中放白糖炒至金黄色，加入适量清水，下入藕片、白芝麻仁翻炒均匀，出锅即成。

[特 点] 色泽金黄，香甜焦脆

蜜汁莲蓉球

MI ZHI LIAN RONG QIU

[主 料] 湘白莲150克

[配 料] 香菜、红橘皮丝

[调 料] 植物油500克、白糖150克、糯米粉25克、湿淀粉50克

[制 法] 1.湘白莲下锅煮发，用刀压成泥，加入白糖、糯米粉搅拌均匀，搓成3厘米大小的球；

2.香菜叶洗净；红橘皮丝洗净；

3.锅内放油烧至七成热，下入莲蓉球，炸至外表呈浅黄色出锅；

4.锅内放清水200克、白糖、莲蓉球烧开，放入红橘皮丝收浓汁，用湿淀粉勾芡出锅，整齐摆入盘中，放香菜叶即成。

[特 点] 软糯、香甜、可口

白玉藏珠

BAI YU CANG ZHU

[主 料] 湘白莲100克

[配 料] 嫩豆腐250克、菜心250克、熟火腿25克、胡萝卜25克、鸡蛋1个

[调 料] 猪油50克、盐5克、味精15克、胡椒粉3克、高汤250克、湿淀粉50克、香油3克

[制 法] 1.湘白莲下锅煮发，用刀压碎成莲蓉，加入盐、鸡蛋黄、面粉搅拌均匀，制成莲蓉馅；

2.嫩豆腐加入盐、鸡蛋清、面粉搅拌均匀，制成豆腐馅；熟火腿切成末；胡萝卜去皮洗净切成末；菜心洗净，焯水备用；

3.将莲蓉馅放入小圆形碟中，上面酿入莲蓉、火腿、胡萝卜，上笼蒸熟，取出整齐摆入盘中，菜芯下锅加猪油、盐炒入味，装入盘中；高汤下锅烧开，放盐、味精调好味用湿淀粉勾芡，放香油出锅浇在莲蓉豆腐上即成。

[特 点] 柔软鲜香，味道可口

五仁湘莲羹

WU REN XIANG LIAN GENG

[主 料] 湘白莲100克

[配 料] 瓜子仁15克、桃仁15克、芝麻仁15克、花生仁15克、杏仁15克、枸杞5克

[调 料] 白糖100克、湿淀粉100克

[制 法] 1.湘白莲下锅煮发；瓜子仁、桃仁、花生仁、芝麻仁、杏仁洗净；枸杞泡发洗净；

2.锅中放适量清水、白糖、花生仁、瓜子仁、桃仁、芝麻仁、杏仁、枸杞煮开，用湿淀粉勾芡，出锅装入汤碗内即成。

[特 点] 香甜可口，营养丰富

青椒炒藕尖

QING JIAO CHAO OU JIAN

[主 料] 嫩藕尖500克

[配 料] 青椒100克

[调 料] 猪油50克、盐5克、味精15克、香油5克

[制 法] 1.将嫩藕尖去皮洗净，切成1寸长的段；

2.青椒去籽，切成小段；

3.锅内放油烧至七成热，下入藕尖、青椒，加盐、味精煸炒入味，出锅淋香油即成。

[特 点] 清香脆爽，味道可口

紫薯莲蓉糕

ZI SHU LIAN RONG GAO

[主 料] 湘白莲100克

[配 料] 紫薯500克

[调 料] 猪油50克、白糖100克、糯米粉50克、盐10克、胡椒粉5克

[制 法] 1.湘白莲下锅煮发，用刀压碎成莲蓉，下锅放猪油、白糖、炒入味，加入糯米粉拌成馅；

2.紫薯去皮洗净，切成小块，下锅煮熟，用刀压成紫薯泥，下锅加入猪油、盐、胡椒粉炒入味；

3.将莲蓉、紫薯泥分别放入圆形模具内压成型后，取出合在一起制成糕状备用；

4.食用时，将紫薯莲蓉糕上笼蒸热出锅，整齐摆入盘内即成。

[特 点] 香鲜软糯，咸甜适口

湘莲炖花胶盅

XIANG LIAN DUN HUA JIAO ZHONG

[主 料] 湘白莲100克

[配 料] 花胶50克、香葱15克、生姜15克

[调 料] 高汤500克、盐5克、味精15克、胡椒粉3克、料酒25克

[制 法] 1.湘白莲下锅煮发备用；香葱、生姜洗净；

2.花胶下锅，加入清水煮开，涨发至柔软，切成小块；另起锅放汤，加入花胶、香葱、生姜、料酒煮开，去掉异味；

3.锅内放高汤、花胶、湘白莲烧开，放盐、味精调好味，出锅前撒胡椒粉，装入汤碗内即成。

[特 点] 柔软粉糯，味道鲜美

皮蛋莲子粥

PI DAN LIAN ZI ZHOU

[主 料] 湘白莲100克

[配 料] 皮蛋2个、糯米150克、香葱15克、枸杞5克、生姜15克

[调 料] 盐10克、胡椒粉5克

[制 法] 1.湘白莲下锅煮发；

2.皮蛋去壳洗净，切成小块，香葱洗净，切成葱花，生姜去皮洗净，切成姜末；枸杞洗净；

3.糯米淘洗干净，加入适量清水煮至软烂，放入莲子、皮蛋、枸杞、盐煮入味，出锅放胡椒粉、姜末、葱花即成。

[特 点] 鲜香软糯，味道可口

湘莲青椒炖猪肚

XIANG LIAN QING JIAO DUN ZHU DU

[主 料] 湘白莲100克

[配 料] 熟猪肚250克、青椒50克

[调 料] 高汤250克、盐10克、味精15克、胡椒粉5克、香油5克

[制 法] 1.湘白莲下锅煮发；熟猪肚洗净，切成3厘米长的条；青椒去籽洗净，切成2厘米长的块；

2.将高汤倒入锅中，放入莲子、猪肚丝、青椒、盐、味精烧开，炖入味，撒胡椒粉，淋香油，出锅倒入汤碗内即成。

[特 点] 软烂粉糯，鲜香味美

湘莲烩豆腐

XIANG LIAN HUI DOU FU

[主 料] 湘白莲100克

[配 料] 豆腐200克、水发香菇25克、胡萝卜50克、香葱15克

[调 料] 盐10克、味精15克、胡椒粉5克、高汤250克、香油5克、湿淀粉50克

[制 法] 1.湘白莲下锅煮发；豆腐切成1厘米的方丁；

2.水发香菇洗净，切成小丁；胡萝卜去皮洗净，切成小丁；香葱洗净，切成葱丝；

3.将高汤倒入锅中，放莲子、豆腐、香菇、胡萝卜、盐、味精烧开，调好味，用湿淀粉勾芡，撒胡椒粉，放葱丝，淋香油，出锅倒入汤碗内即成。

[特 点] 软嫩粉糯，味道鲜美

云海银珠

YUN HAI YIN ZHU

[主 料] 湘白莲100克

[配 料] 胖大海50克、枸杞10克、白糖100克、金橘25克

[制 法] 1.湘白莲下锅煮发；胖大海用冷水泡发，洗净，去掉外皮；枸杞泡发；金橘切成碎末；

2.锅中放适量清水，加入莲子、胖大海、白糖、枸杞烧开，倒入汤碗中，放金橘即成。

[特 点] 香甜粉糯，营养丰富

奶油湘莲素烩

NAI YOU XIANG LIAN SU HUI

[主 料] 湘白莲100克

[配 料] 水发香菇50克、胡萝卜150克、菜心150克、荸荠150克

[调 料] 奶油50克、盐10克、味精15克、胡椒粉5克、高汤250克、香油5克、湿淀粉50克

[制 法] 1.湘白莲下锅煮发备用；

2.胡萝卜去皮、洗净，切成厚片；水发香菇去蒂；荸荠去皮、洗净，切成小块；菜心洗净；以上食材分别下锅焯水，沥干水分；

3.锅中放高汤，加入莲子、胡萝卜、荸荠、香菇、菜心、盐、味精烧开焖入味，放奶油，用湿淀粉勾芡，撒胡椒粉，淋香油，出锅整齐摆入盘中即成。

[特 点] 色泽鲜艳，味道鲜美

番茄鲜贝莲盅

FAN QIE XIAN BEI LIAN ZHONG

[主 料] 湘白莲100克

[配 料] 鲜贝100克、西红柿500克、青豆50克、香葱15克、生姜15克、料酒25克

[调 料] 猪油50克、盐5克、味精15克、料酒25克、香油3克、湿淀粉50克

[制 法] 1.湘白莲下锅煮发；西红柿切开、洗净、焯水；香葱、生姜洗净，加入料酒制成葱姜汁；青豆去皮，焯水备用；

2.将鲜贝洗净，加入盐、味精、葱姜汁、湿淀粉腌制片刻；

3.锅内放猪油烧至六成熟，下入鲜贝炒熟，放青豆炒入味，用湿淀粉勾芡，淋香油，出锅装入番茄内，整齐摆入盘中即成。

[特 点] 鲜香软糯，味道鲜美

酥炸莲蓉卷

SU ZHA LIAN RONG JUAN

[主 料] 湘白莲100克

[配 料] 鸡蛋3个

[调 料] 植物油1000克、盐5克、味精15克、胡椒粉3克、面粉25克、面包糠200克、湿淀粉20克

[制 法] 1.湘白莲下锅煮发，用刀压碎成莲蓉，加入鸡蛋、盐、味精、胡椒粉、面粉搅拌均匀，制成莲蓉馅；

2.鸡蛋打散，加入少许盐、清水、湿淀粉，制成蛋皮备用；

3.将莲蓉馅包入蛋皮内，制成莲蓉卷，再沾上鸡蛋液、面包糠，下入七成热的油锅，炸至呈金黄色，出锅，切成5厘米长的卷，整齐摆入盘中即成。

[特 点] 色泽金黄，外焦内软

湘莲蒸肉饼

XIANG LIAN ZHENG ROU BING

[主 料] 湘白莲100克

[配 料] 猪肉馅250克、香葱15克

[调 料] 盐10克、味精15克、胡椒粉5克

[制 法] 1.湘白莲下锅煮20分钟至六成熟；香葱洗净切成葱丝；

2.猪肉馅装入汤碗内，放入适量清水、盐、味精搅拌均匀，加入莲子，上笼蒸30分钟至软烂，出锅放胡椒粉、香葱即成。

[特 点] 清香粉糯，味道鲜美

肉汁湘莲排骨

ROU ZHI XIANG LIAN PAI GU

[主　料] 湘白莲100克

[配　料] 排骨250克、五花肉250克

[调　料] 猪油50克、盐5克、味精15克、酱油15克、白糖15克、湿淀粉50克、香油5克

[制　法] 1.湘白莲下锅煮发备用；

2.排骨、五花肉切成1寸大小的块，洗净，放猪油下锅煸炒，加酱油炒上色，放适量清水、盐、白糖烧至软烂；

3.将湘莲放入排骨中，加入盐、味精烧入味，收浓汁，用湿淀粉勾芡，淋香油出锅即成。

[特　点] 莲子粉糯，肉香浓郁

梅菜炒新莲

MEI CAI CHAO XING LIAN

[主 料] 鲜莲子500克

[配 料] 梅干菜50克、干辣椒5克

[调 料] 猪油50克、盐5克、味精15克、香油5克

[制 法] 1.鲜莲子去壳、去皮、去芯，洗净；

2.梅干菜洗净，切碎；干辣椒切成辣椒节；

3.锅内放油烧至七成热，下入辣椒节、梅干菜炒香，再放鲜莲子，加入盐、味精炒入味，淋香油出锅即成。

[特 点] 香酥软糯，味道鲜美

莲蓬扣肉

LIAN PENG KOU ROU

[主 料] 五花肉300克

[配 料] 湘白莲150克

[调 料] 盐10克、味精15克、酱油25克、植物油1000克、湿淀粉50克

[制 法] 1.湘白莲下锅煮发；

2.五花肉下锅煮熟，捞出沥干水；皮面抹上酱油，下入七成热的油锅炸至表面呈浅红色，捞出沥干油备用；

3.将五花肉切成5厘米长、3厘米宽的薄片，包入莲子，做成莲子肉卷，整齐扣入蒸碗内，放盐、味精，上蒸笼蒸发，出锅扣入盘中，汤汁放入锅中烧开，用湿淀粉勾芡淋在莲蓬扣肉上即成。

[特 点] 肉香莲糯，味道鲜美

湘莲烩鱼丸

XIANG LIAN HUI YU WAN

[主 料] 湘白莲100克

[配 料] 鲜鲢鱼1000克、菜心250克、香葱15克、生姜15克

[调 料] 猪油50克、盐10克、味精15克、胡椒粉5克、料酒50克、湿淀粉50克、高汤200克

[制 法] 1.湘白莲下锅煮发；菜心洗净，焯水备用；

2.香葱、生姜洗净，加入料酒制成葱姜汁；

3.鲢鱼去皮、去骨、去刺，洗净，锤成鱼茸，加入葱姜汁、盐、清水制成鱼茸料，挤成莲子大小的鱼丸，下入锅中煮熟；

4.锅中放高汤，加入莲子、鱼丸、盐、味精烧开入味，用湿淀粉勾芡，淋香油装入盘中；菜心下锅炒入味，出锅围在莲子、鱼丸周边即成。

[特 点] 软嫩粉糯，味道鲜美

麻酱荷三友

MA JIANG HE SAN YOU

[主 料] 鲜莲子250克、嫩莲藕250克、鲜荷叶250克

[调 料] 盐5克、味精15克、芝麻酱50克、香油5克

[制 法] 1.鲜莲子去壳、去皮、去芯，洗净，下锅焯水备用；

2.嫩莲藕去皮洗净，切成薄片用盐腌制片刻，洗净沥干水分；

3.荷叶去掉老的部分，洗净，切成片状，焯水过凉，沥干水分；

4.将盐、味精、芝麻酱、香油调成调料汁；

5.将鲜莲子、荷叶、莲藕整齐摆入盘中，放入冰箱冷藏，食用时淋上调料汁即成。

[特 点] 清香脆爽，味道可口

虾仁拌鲜莲

XIA REN BAN XIAN LIAN

[主 料] 鲜莲子500克

[配 料] 鲜虾250克、香菜叶25克

[调 料] 盐5克、味精15克、料酒25克、香油5克

[制 法] 1.鲜莲子去壳、去皮、去芯，洗净，下锅焯水，捞出沥干水分；

2.鲜虾去壳、洗净，下锅加料酒焯水，捞出沥干水分；

3.将鲜莲子、虾仁放入盘中，加入盐、味精、香菜叶、香油拌匀，整齐摆入盘中即成。

[特 点] 清香脆嫩，味道可口

湘莲蒸水鱼

XIANG LIAN ZHENG SHUI YU

[主 料] 湘白莲100克、水鱼750克

[配 料] 大蒜25克、生姜25克、香葱25克

[调 料] 鸡汤250克、猪油25克、盐15克、味精15克、胡椒粉5克、料酒25克

[制 法] 1.将湘白莲下锅煮发备用；

2.大蒜去皮；生姜去皮洗净；香葱洗净，切葱段；

3.水鱼宰杀洗净，加入鸡汤、猪油、料酒、盐、味精、生姜、大蒜拌匀，上笼蒸熟，然后再加入湘莲一起上笼蒸入味，出锅，撒胡椒粉、放葱段即成。

[特 点] 汤鲜味美，营养丰富

泡椒酸汤藕尖

PAO JIAO SUAN TANG OU JIAN

[主 料] 嫩藕尖500克

[配 料] 泡野山椒50克、胡萝卜50克

[调 料] 盐10克、味精15克、香油5克

[制 法] 1.将藕尖去皮、洗净，切成1寸长的段，放盐腌制片刻；

2.野山椒洗净；胡萝卜去皮、洗净，切成藕尖大小的段，加入盐腌制片刻；

3.将藕尖、胡萝卜沥干水分，加入泡野山椒，浸泡一小时，食用时捞出，淋上香油，装盘即成。

[特 点] 清香脆爽，酸甜适口

莲藕烙

LIAN OU LAO

[主 料] 嫩莲藕500克

[配 料] 水发香菇25克、熟火腿25克、鸡蛋1个

[调 料] 猪油50克、盐5克、味精15克、胡椒粉5克、面粉25克、湿淀粉50克

[制 法] 1.嫩莲藕去皮洗净，切成5厘米长的丝，用盐腌制片刻；水发香菇洗净，切丝；熟火腿切成丝；

2.鸡蛋打散，加入适量清水、面粉、湿淀粉，调成鸡蛋糊；

3.藕丝洗净，沥干水，加入香菇、熟火腿、盐、味精、胡椒粉、鸡蛋糊搅拌均匀；

4.平锅放油烧至七成热，将拌好的藕丝馅放入锅中煎成20厘米大小的饼状，至两面呈金黄色时，出锅沥干油，切成块状，均匀摆入盘中即成。

[特 点] 焦酥软嫩，色泽金黄

火腿拌新莲

HUO TUI BAN XIN LIAN

[主 料] 鲜莲子500克

[配 料] 熟火腿150克、香菜25克

[调 料] 香油5克、盐2克、味精5克

[制 法] 1.鲜莲子去壳、去皮、去芯，洗净下锅焯水，沥干水分备用；

2.熟火腿切成1厘米大小的火腿丁；香菜叶洗净；

3.将鲜莲子、火腿丁、香菜叶、盐、味精、香油一起拌匀，装盘即成。

[特 点] 鲜莲子脆嫩，火腿醇香

番茄桂花莲

FAN QIE GUI HUA LIAN

[主 料] 鲜莲子500克

[配 料] 番茄250克、鸡蛋2个

[调 料] 猪油50克、盐5克、味精15克

[制 法] 1.鲜莲子去壳、去皮、去芯，焯水，沥干水分备用；

2.番茄洗净，切成1厘米大小的丁；鸡蛋打散；

3.锅内放猪油烧至七成热，下入鸡蛋炒散，放西红柿、鲜莲子、盐、味精炒入味，出锅即成。

[特 点] 色泽鲜艳，清香脆嫩

红花汁莲子扒菜心

HONG HUA ZHI LIAN ZI PA CAI XIN

[主 料] 湘白莲100克

[配 料] 藏红花5克、菜心250克、枸杞5克

[调 料] 高汤200克、盐5克、味精15克、湿淀粉50克

[制 法] 1.湘白莲下锅煮熟；藏红花用冷水泡发，洗净；

2.菜心洗净，下入油锅，加入盐炒入味，装入盘中；

3.锅中放入高汤、莲子、藏红花、菜心，再放入盐、味精调好味烧开，用湿淀粉勾芡，出锅装入盘中即成。

[特 点] 清香软糯，汤鲜味美

橙汁嫩脆藕

CHENG ZHI NEN CUI OU

[主 料] 嫩莲藕500克

[配 料] 鲜橙2个

[调 料] 盐10克、白糖50克

[制 法] 1.将嫩莲藕去皮、洗净，切成0.5厘米厚的片，加入盐腌制10分钟后洗净沥干水分；

2.将鲜橙洗净，用榨汁机榨出橙汁；

3.将藕片加白糖、橙汁腌制，放入冰箱内冷藏；

4.食用时，将藕片均匀摆入盘中即成。

[特 点] 香甜味美，脆爽可口

红烧四喜莲丸

HONG SHAO SI XI LIAN WAN

[主 料] 湘白莲150克

[配 料] 嫩莲藕250克、鸡蛋1个、猪肉馅100克、西兰花100克

[调 料] 植物油1000克、盐5克、味精15克、胡椒粉5克、高汤500克、酱油10克、香油5克、湿淀粉50克

[制 法] 1.嫩莲藕去皮、洗净，切成末；湘白莲下锅煮发，用刀压碎成莲蓉，加入藕、猪肉馅、盐、鸡蛋、味精、面粉搅拌均匀，搓成5厘米大小的莲丸；

2.油烧至七成热，下入莲丸炸熟，呈金黄色捞出；放入汤碗中，加入高汤上笼蒸30分钟至软烂，莲球均匀摆入盘中；

3.锅内放油烧热，下入西兰花、盐稍炒一下，倒入蒸莲球的汤汁，放味精、胡椒粉调好味，收浓汁，用湿淀粉勾芡，放香油出锅，淋在莲丸上即成。

[特 点] 软烂酥香，味道鲜美

莲子粉蒸肉

LIAN ZI FEN ZHENG ROU

[主 料] 湘白莲100克、五花猪肉250克

[配 料] 蒸肉米粉150克、香葱15克

[调 料] 盐5克、味精15克、白糖5克、胡椒粉3克、香油5克

[制 法] 1.莲子下锅煮发；香葱洗净，切葱花；

2.将五花猪肉洗净，切成3厘米大小的块，加入盐、味精、白糖、胡椒粉腌制30分钟，然后放入蒸肉米粉拌匀，上笼蒸30分钟；

3.将米粉猪肉加入莲子一起蒸15分钟至猪肉软烂，出锅放葱花即成。

[特 点] 鲜香软糯，味道可口

芝麻莲蓉饼

ZHI MA LIAN RONG BING

[主 料] 湘白莲150克

[配 料] 白芝麻仁50克、鸡蛋1个

[调 料] 植物油1000克、盐5克、味精15克、胡椒粉3克、糯米粉50克

[制 法] 1.湘白莲下锅煮发，用刀压碎成莲蓉，加入盐、味精、鸡蛋、胡椒粉、糯米粉搅拌成莲蓉馅；

2.将莲蓉馅搓成4厘米大小的饼状，两面均匀沾上白芝麻仁；

3.锅内油烧至七成热，下入芝麻仁莲饼炸至金黄色，出锅，沥干油，均匀摆入盘内即成。

[特 点] 焦香软糯，味道可口

莲藕火腿卷

LIAN OU HUO TUI JUAN

[主 料] 嫩莲藕500克

[配 料] 熟火腿50克、水发香菇50克、白芝麻仁10克、香葱25克

[调 料] 红油25克、盐5克、味精15克、生抽25克、高汤50克

[制 法] 1.嫩莲藕去皮，洗净，切成薄片，焯水，沥干水分；

2.水发香菇切丝、焯水；熟火腿切成5厘米长的条，香葱洗净、焯水；

3.将藕片包入火腿丝、香菇丝，用香葱卷成2厘米大小的卷，整齐摆入盘中；

4.红油、生抽、盐、味精、白芝麻仁、高汤调成汁，淋在莲藕卷上即成。

[特 点] 清鲜脆爽，香辣可口

凉拌莲藕粉

LIANG BAN LIAN OU FEN

[主 料] 莲藕粉250克

[配 料] 黄瓜100克、花生米50克、小红椒25克

[调 料] 盐5克、味精15克、生抽25克、香油5克

[制 法] 1.莲藕粉加入适量的清水，调匀，下入开水锅内制成藕粉条，捞出沥干水分；

2.黄瓜洗净，切片；花生米炸熟，去皮；小红椒洗净，切碎。

3.藕粉加入黄瓜、花生米、小红椒、盐、味精、生抽、香油拌匀，倒入盘中即成。

[特 点] 香辣柔软，味道鲜美

清炖莲藕狮子头

QING DUN LIAN OU SHI ZI TOU

[主 料] 湘白莲100克

[配 料] 莲藕200克、猪肉馅150克、鸡蛋1个、菜心150克、枸杞5克

[调 料] 盐10克、味精20克、胡椒粉5克、高汤500克、面粉25克

[制 法] 1.莲藕去皮，洗净切成小米粒一样大小；湘白莲下锅煮发，用刀压碎成莲蓉，加入猪肉馅、莲藕、鸡蛋、盐、味精、面粉搅拌成馅，将莲藕馅搓成5厘米大小的狮子头状，下入锅内煮熟备用；

2.菜心洗净，焯水；枸杞泡发；

3.将莲藕狮子头放入汤碗内、加入高汤、盐、枸杞调好味，上笼蒸40分钟，放菜心、胡椒粉，出锅即成。

[特 点] 软烂清香，汤鲜味美

茄汁莲藕

QIE ZHI LIAN OU

[主 料] 嫩莲藕500克、鲜莲子150克

[调 料] 番茄酱50克、盐5克、香油3克、白糖25克、 白醋10克、湿淀粉25克

[制 法] 1.鲜莲子去壳、去芯，洗净，下锅焯水，沥干水分；

2.嫩莲藕去皮，洗净，切成0.5厘米的片，用盐腌制片刻，洗净，加入白糖、白醋拌匀，摆入盘内；

3.番茄酱下锅炒香，加入鲜莲子烧开，用湿淀粉勾芡，淋香油出锅，放入盘中即成。

[特 点] 咸甜适口，清香脆爽

湘莲五圆鸡

XIANG LIAN WU YUAN JI

[主 料] 湘白莲100克、净鸡肉500克

[配 料] 红枣50克、枸杞10克、桂圆肉15克、荔枝肉15克

[调 料] 白糖50克、盐10克、味精15克、胡椒粉5克、生姜15克

[制 法] 1.湘白莲下锅煮发备用；净鸡肉砍成3厘米大小的块，下锅焯水；

2.红枣泡发，去核；枸杞、桂圆肉、荔枝肉洗净；生姜去皮切成片；

3.蒸碗内放入鸡块、红枣、桂圆肉、枸杞、荔枝肉、莲子、盐、味精、生姜、适量清水，上笼蒸30分钟，出锅，撒胡椒粉即成。

[特 点] 咸甜粉糯，营养丰富

五香莲藕

WU XIANG LIAN OU

[主 料] 莲藕500克

[调 料] 五香粉50克、香油5克、盐15克、味精20克、酱油25克

[制 法] 1.莲藕洗净，去掉两头的莲蒂；

2.锅内加入清水1000克，加入五香粉，放入莲藕，大火烧开，小火煮30分钟，捞出沥干汤汁晾凉；

3.将莲藕切成0.5厘米的片，加入香油拌匀，均匀摆入盘中即成。

[特 点] 香味浓郁，莲藕粉糯

果汁莲子糕

GUO ZHI LIAN ZI GAO

[主 料] 湘白莲250克

[配 料] 什锦果酱、冻粉10克

[调 料] 白糖50克

[制 法] 1.将湘白莲下锅煮发，用刀压碎成莲蓉，加入适量的水，搅拌成浆，过箩筛去渣；冻粉洗净，用碗装上，加入少许水，上笼蒸化，取出，过箩筛；

2.锅内放清水，加入白糖溶化，放入莲子浆、冻粉汁烧开，装入深盘内，制成莲子糕，晾凉，放入冰箱内冻凉；

3.食用时，取出莲子糕，切成小方块，整齐装入盘中，果酱搅拌均匀，淋在莲子糕上即成。

[特 点] 细嫩柔软，香甜可口

龟苓膏莲子盅

GUI LING GAO LIAN ZI ZHONG

[主 料] 湘白莲100克

[配 料] 龟苓膏50克、枸杞5克

[调 料] 白糖50克、盐5克

[制 法] 1.湘白莲下锅煮发；

2.龟苓膏切成1厘米大小的丁；枸杞泡发洗净；

3.将莲子、龟苓膏、枸杞加入白糖、盐、适量清水，装入汤盅内，上笼蒸20分钟即成。

[特 点] 咸甜软糯，营养丰富

金瓜莲子百合

JIN GUA LIAN ZI BAI HE

[主 料] 湘白莲100克

[配 料] 小南瓜500克、百合150克

[调 料] 高汤250克、盐5克、味精15克、胡椒粉3克、湿淀粉50克、香油5克

[制 法] 1.莲子下锅煮发备用；

2.南瓜切刀挖成球状，下锅煮熟；百合切去根，洗净，下锅煮熟；

3.锅中放高汤，放莲子、南瓜、百合、盐、味精烧开调好味，用湿淀粉勾芡，撒胡椒粉、淋香油出锅，整齐摆入盘中即成。

[特 点] 清香粉糯，味道鲜美

莲蓉蛋挞

LIAN RONG DAN TA

[主 料] 湘白莲100克

[配 料] 面粉250克、鸡蛋1个

[调 料] 猪油100克、白糖100克、果酱50克

[制 法] 1.湘白莲下锅煮发，用刀压碎制成莲蓉，下锅加入猪油炒香，出锅加入白糖、鸡蛋拌匀，制成莲蓉馅；

2.面粉放猪油、清水分别调成水油面、油酥面后，制成圆形蛋挞面剂子，将莲蓉馅放在中间，然后上面放果酱；

3.将蛋挞放入烤箱烤熟即成。

[特 点] 松酥香甜，味道鲜美

荷花酥

HE HUA SU

[主 料] 湘白莲100克

[配 料] 面粉250克、鸡蛋1个

[调 料] 猪油1000克、白糖500克

[制 法] 1.湘白莲下锅煮发，用刀压碎成莲蓉，下锅加猪油炒香，出锅，放入鸡蛋、白糖拌匀，制成莲蓉馅备用；

2.面粉加入猪油、清水，分别制成水油面、油酥面，水油面包入油酥面，制成油酥面胚脐子，放入莲蓉馅，包成圆锥形，用刀片在皮面上均匀划上三刀，分成六等份；

3.锅内猪油烧至五成热，下入荷花酥，炸成荷花状出锅，沥干油，装入盘内即成。

[特 点] 形似荷花，香甜可口

莲子木须蛋

LIAN ZI MU XU DAN

[主 料] 鲜莲子500克

[配 料] 鸡蛋2个、地皮菜50克、胡萝卜100克、香葱25克

[调 料] 猪油50克、盐5克、味精15克、香油5克

[制 法] 1.鲜莲子去壳、去皮、去芯，洗净焯水备用；

2.地皮菜洗净；胡萝卜去皮，洗净切成丝；香葱洗净，切成葱段；

3.锅中放油烧至七成热，下入莲子、地皮菜、胡萝卜、香葱，加盐、味精翻炒入味，淋香油出锅即成。

[特 点] 鲜香脆嫩，咸鲜适口

紫薯青豆莲丸

ZI SHU QING DOU LIAN WAN

[主 料] 湘白莲100克

[配 料] 青豆300克、紫薯300克

[调 料] 白糖150克、面粉50克、湿淀粉50克

[制 法] 1.湘白莲下锅煮发，用刀压碎成莲蓉，加入面粉、白糖搅拌均匀，搓成3厘米大小的莲丸；

2.青豆去皮洗净，下锅煮熟，用刀压碎成青豆泥，加入面粉、白糖搅拌均匀，搓成3厘米大小的青豆丸；

3.紫薯去皮洗净，切成小块，下锅煮熟，用刀压成薯泥，加入面粉、白糖搅拌均匀成紫薯丸；

4.锅内放入清水200克，放白糖和三种丸子烧开，收浓汁，用湿淀粉勾芡，出锅整齐摆入盘中即成。

[特 点] 香甜软糯，色泽鲜艳

脆皮藕夹

CUI PI OU JIA

[主 料] 嫩莲藕500克

[配 料] 猪肉泥150克、鸡蛋1个

[调 料] 植物油1000克、盐5克、味精15克、胡椒粉3克、香葱15克、面粉50克、湿淀粉50克

[制 法] 1.嫩莲藕去皮、洗净，切成圆片，用清水浸泡，香葱洗净，切成葱花；鸡蛋打散，加入面粉、湿淀粉、适量清水调制成鸡蛋糊备用；

2.猪肉泥加入盐、味精、胡椒粉、葱花拌成肉馅；藕片包入猪肉馅制成藕夹备用；

3.锅内放油烧至七成热，藕夹均匀沾上鸡蛋糊，下锅炸至焦酥呈金黄色，捞出，沥干油，摆入盘中即成。

[特 点] 色泽金黄，外焦内软

荷花煎蛋

HE HUA JIAN DAN

[主 料] 鲜荷花250克

[配 料] 鸡蛋4个

[调 料] 猪油50克、盐5克、味精15克、胡椒粉3克

[制 法] 1.将鲜荷花去掉老的部分，花瓣切成丝；

2.鸡蛋打散，加入花瓣丝、盐、味精、胡椒粉拌匀；

3.锅内放油烧至七成热，下入鸡蛋、荷花丝煎至两面金黄出锅，切成块状装盘即成。

[特 点] 清香软嫩，味道可口

糖油莲蓉饼

TANG YOU LIAN RONG BING

[主 料] 湘白莲150克

[配 料] 鸡蛋2个、糯米粉100克

[调 料] 猪油50克、红片糖100克、白糖50克、糯米粉50克

[制 法] 1.湘白莲下锅煮发，用刀压碎成莲蓉，加入鸡蛋、糯米粉搅拌均匀，制成莲蓉馅，搓成直径3.5厘米的莲饼备用；

2.锅内放油炸至七成热，下入莲饼炸至金黄色捞出；

3.锅内放猪油烧热，下入白糖炒至深红色，放入适量清水、莲饼、红片糖煮至软糯，出锅即成。

[特 点] 软糯香甜，色泽红亮

枸杞莲子小米粥

GOU QI LIAN ZI XIAO MI ZHOU

[主 料] 湘白莲50克

[配 料] 小米50克、枸杞10克

[调 料] 盐15克、白糖25克

[制 法] 1.湘白莲下锅煮发；小米淘净，加入适量清水下锅，煮成小米粥；枸杞泡发、洗净；

2.将小米粥倒入锅中，放莲子、枸杞、盐、白糖烧开，稍煮入味，装入汤碗内即成。

[特 点] 清香粉糯，咸甜适口

莲子藕炖排骨

LIAN ZI OU DUN PAI GU

[主 料] 湘白莲100克、莲藕250克

[配 料] 排骨250克、香葱15克

[调 料] 盐10克、味精25克、胡椒粉5克

[制 法] 1.莲子下锅煮发；莲藕去皮洗净，切成2厘米大小的块；排骨洗净剁成2厘米大小的块，焯水备用；香葱洗净，切成葱花；

2.将莲藕、排骨加入清水1000克、盐10克，上火炖30分钟至莲藕软烂，然后加入莲子再炖15分钟，放味精，出锅加入胡椒粉、葱花即成。

[特 点] 香鲜软烂，莲子粉糯

后记

我1982年开始从事厨师工作，至今四十余年了。改革开放初期，正是湘菜开始繁荣发展的时期。湘菜技艺的博大精深以及湘菜文化的深厚底蕴深深地吸引了我。在我们国家繁荣发展的伟大时代，餐饮行业、厨师工作越来越受到社会的尊重，给了我巨大的鼓舞和力量，更坚定了一辈子为湘菜发展而努力的决心。其间，我参加过法律专业学习，在律师与厨师之间，我最终还是选择了厨师职业。几十年不离不弃，一直耕耘在餐饮行业，乐在其中，一是因为热爱，二是因为情怀。我有幸获得过很多荣誉，1991年曾代表湘菜厨师由外交部选派到中国驻坦桑尼亚大使馆工作；1993年参加全国第三届烹饪大赛，荣获热菜金牌；2007年以来荣获中国湘菜大师荣誉称号、湘潭市享受政府特殊津贴专家、湘潭市莲城工匠大师，当选湘潭市第十五届人大代表、湘潭市第十三届政协委员，从1987年湘潭市餐饮行业协会成立时的一个普通会员成长为主持工作的会长、湘潭市名厨专业委员会主席；2021年担任中国烹饪协会名厨委副主席、中国饭店协会名厨委副主席。

湘潭素称莲城，亦因盛产湘莲而得名。湘莲是湘潭的传统名产，是一个高蛋白、多淀粉、低脂肪的优质莲品种，也是一种很好的食材，有很大的经济价值和食用价值。目前，由于各种原因，用湘莲制作的菜品不多，餐桌上也不常见，仅以甜品为主，味型、烹饪技法单一。“冰糖湘白莲”为著名湘菜，也是湘潭著名地方名宴“湘潭八大碗”中的不可缺少的重要组成部分，却渐渐从餐桌上消失了。目前湘莲基本上是用于做莲蓉月饼馅了，用量有限。

荷叶、荷花、莲子、莲藕全身都是宝，都可以走上餐桌。鲜嫩的荷叶加工后可以食用；干荷叶可与其他食材同烹，增其荷香；酥炸荷花，焦脆香甜；新鲜的莲子既能当水果吃，也能与干莲子一样制作很多菜肴；莲藕可炖、可炒、可拌，可粉、可脆、可爽；莲芯还是一种中药材，能清心去火。鲜莲、干莲、红莲、白莲，只要掌握好了莲子的特性、正确加工处理方法，烹制起来就得心应手。十几年来，我一直致力于湘莲菜品的研发，为了丰富湘莲菜品，让大家认知湘莲，并都会用湘莲制作菜品。通过对湘莲食材的不断挖掘、整理、创新，逐渐形成了从用料到烹调方法、风味特色的100多道湘莲菜品。2023年7月，我在“莲乡”湘潭县举办了一场“湘莲盛宴”活动，集中展示了100多道湘莲菜品，得到了社会各界的高度赞誉。

目前，我将湘莲菜品整理成书稿即将付梓，美名“湘莲飘香”，湖南日报大湘菜报社长陈胜年先生热情作序。希望图书的出版能如我所愿，能为湘莲产业的发展贡献自己的一份力量。

由于本人水平有限，本书难免有不少缺点，敬请行业专家多提宝贵意见。在本书编写过程中，还得到了湘潭餐饮行业同仁、技能大师工作室以及弟子王杰、伍伏桂等的大力协助，湘潭大学出版社为本书的出版做了许多工作，在此一并表示衷心的感谢！

肖克资

癸卯年冬

肖克资个人大事记

1982年 湘潭电机集团招待所任厨师
1989年 考取特三级中式烹调师
1991年 在中国驻坦桑尼亚大使馆任厨师
1993年 在中国驻坦桑尼亚大使馆光荣加入中国共产党
1993年 参加全国第三届烹饪大赛，荣获个人热菜金牌、冷菜铜牌
1994年 湘潭电机集团授予“首届十佳青年”荣誉称号
1996年 在北京创办“湘潭红”湘菜馆
2000年 个人编著出版《韶山毛家菜》一书
2005年 当选湘潭市烹饪协会第四届理事会副会长
2006年 中国烹饪协会授予“中国烹饪名师”荣誉称号
2007年 当选湘潭市岳塘区第四届人大代表
2007年 湖南省餐饮行业协会授予“湘菜大师”荣誉称号
2012年 中国烹饪协会授予“中华金厨奖”
2012年 湘潭市商务局授予“湘潭市餐饮行业领军人物”称号
2016年 中共湘潭市委、市人民政府授予“湘潭市高技能人才”
2016年 当选湘潭市餐饮行业协会名厨委主席
2016年 湘潭市劳动竞赛委员会授予“莲城工匠大师”称号
2017年 当选湖南省餐饮行业协会湘菜大师专委会副主席
2017年 湘潭市总工会授予“湘潭市五一先锋”荣誉称号
2018年 在第十三届中国湘菜美食节活动中，挖掘、整理出“湘潭四大名人菜”，并担任专家评审组长
2018年 湘潭市人力资源和社会保障局授予“肖克资技能大师工作室”
2018年 在中国国务院新闻办、中国驻法国大使馆与联合国教科文组织主办的中华餐饮文化推广活动中被授予“推广大使”

肖克资个人大事记

2018年 湘潭市人民政府颁发享受政府特殊津贴荣誉证书

2018年 改革开放40年、湘菜发展30年，湖南省餐饮行业协会授予“突出贡献奖”

2019年 当选湘潭市第十五届人大代表

2020年 在2021年度湖南省职业院校技能竞赛中担任总裁判长

2020年 当选湘潭市餐饮行业协会第七届理事会执行会长

2021年 当选中国饭店协会名厨委副主席

2021年 当选政协湘潭市第十三届政协委员

2021年 应邀撰写《湘潭四大名人菜》文稿，编入《中国湘菜大典》

2021年 中共湘潭市委、市人民政府授予“湘潭市第八批专业技术骨干人才”

2022年 当选中国烹饪协会名厨委副主席

2022年 被湘潭市开放型经济高质量发展领导小组办公室特聘为“中国酱油之乡宣传大使”

2023年 被中共湘潭市商务局委员会评选为“优秀共产党员”

2023年 肖克资技能大师工作室在湘潭莲乡举办“湘莲盛宴”湘莲菜品展

2023年 当选湘潭市餐饮行业协会党支部书记

2023年 将湖南名菜“冰糖湘莲羹”即食品研发上市

2024年 个人编著出版《湘莲飘香·湘莲菜品集锦》

图书在版编目（CIP）数据

湘莲飘香 : 湘莲菜品集锦 / 肖克资著. -- 湘潭 : 湘潭大学出版社, 2024.5
ISBN 978-7-5687-1422-8

Ⅰ. ①湘… Ⅱ. ①肖… Ⅲ. ①湘菜—菜谱 Ⅳ. ① TS972.182.64

中国国家版本馆 CIP 数据核字（2024）第 080674 号

湘莲飘香 ：湘莲菜品集锦

XIANGLIAN PIAOXIANG : XIANGLIAN CAIPIN JIJIN

肖克资 著

责任编辑：单 越
封面设计：湖南飞翔世泽文化传媒有限公司
出版发行：湘潭大学出版社
社 址：湖南省湘潭大学工程训练大楼
电 话：0731-58298960 0731-58298966（传真）
邮 编：411105
网 址：http://press.xtu.edu.cn/
印 刷：长沙印通印刷有限公司
经 销：湖南省新华书店
开 本：889 mm×1194 mm 1/16
印 张：8.25
字 数：100 千字
版 次：2024 年 5 月第 1 版
印 次：2024 年 5 月第 1 次印刷
书 号：ISBN 978-7-5687-1422-8
定 价：88.00 元